AF827343

SÄCHSISCHE AKADEMIE DER WISSENSCHAFTEN
ZU LEIPZIG

VERFASSER- UND SACHREGISTER 1896–1948 DER ABHANDLUNGEN UND BERICHTE

PHILOLOGISCH-HISTORISCHE KLASSE

AKADEMIE-VERLAG · BERLIN
1957

Bearbeitet von Dr. Adalbert Plott

Archivar der Sächsischen Akademie der Wissenschaften zu Leipzig

Erschienen im Akademie-Verlag GmbH, Berlin W 8, Mohrenstr. 39
Lizenz-Nr. 202 · 100/398/57
Satz und Druck: IV/2/14-VEB Werkdruck Gräfenhainichen - 749
Bestell- und Verlagsnummer: 5274
Preis DM 4,50
Printed in Germany

INHALTSVERZEICHNIS

ABKÜRZUNGEN

A. = Abhandlungen B. = Berichte

Die der Abkürzung folgende Zahl bedeutet die Bandbezeichnung.
die nächste das Erscheinungsjahr

VERFASSERREGISTER

Abel, Hans: Eine Erzählung im Dialekt von Ermenne. — A. 29, 1913, Nr. 8. 96 S.
Achelis, Hans, *seit 16. 2. 1929 o. Mitgl., gest. 23. 2. 1937:* Die Bischofchronik von Neapel. ⟨Von Johannes Diaconus u. a.⟩ — A. 40, 1930, Nr. 4. 80 S.
Alt, Albrecht, *seit 19. 11. 1932 o. Mitgl.:* Die Ursprünge des israelitischen Rechts. — B. 86, 1934, H. 1. 72 S.
— Nachruf auf Hans Achelis. Gesprochen am 26. Nov. 1938. — B. 90, 1938, H. 3, S. 1—9.

Becker, Philipp August, *seit 14. 11. 1919 o. Mitgl., gest. 21. 11. 1947:* Clément Marots Psalmenübersetzung. — B. 72, 1920, H. 1. 44 S.
— Andry de la Vigne ca 1470 bis ca 1515. — B. 80, 1928, H. 2. 73 S.
— Die Narrenspiele des neuentdeckten Mischbands von Treppereldrucken. — B. 87, 1935, H. 2. 52 S.
— Fauvel und Fauvelliana. — B. 88, 1936, H. 2. 45 S.
— Der gepaarte Achtsilber in der französischen Dichtung. 1934. — A. 43, 1938, Nr. 1. 117 S.
— Beuve de Hantone. — B. 93, 1941, H. 3. 74 S.
— Dalfin d'Alvernhe, der Troubadur. — B. 93, 1941, H. 6. 80 S.
— Das Werden der Wilhelm- und Aimerigeste. Versuch e. neuen Lösung. 1939. — A. 44, [1943], Nr. 1. 208 S.
— Die Heiligsprechung Karls des Großen. — Bd. 96, 1944/48, H. 3. 26 S.
Berger, Hugo, *seit 3. 3. 1890 o. Mitgl., gest. 27. 9. 1904:* Die Stellung des Posidonius zur Erdmessungsfrage. — B. 49, 1897, S. 53—77.
— Die Grundlagen des Marinisch-Ptolomäischen Erdbildes. — B. 50, 1898, S. 87 bis 143.
Berichte über die wissenschaftlichen Unternehmungen, s. **Wörterbücher.**
Berve, Helmut, *seit 22. 2. 1932 o. Mitgl.:* Nachruf auf Johannes Kromayer. — B. 87, 1935, H. 3. S. 1—9.
Bethe, Erich, *seit 17. 6. 1907 o. Mitgl., gest. 19. 10. 1940:* Der Chor bei Menander. —B. 60, 1908, S. 209—225.
— Hektors Abschied. — A. 27, 1909, S. 411—442.
— Medea-Probleme. — B. 70, 1918, H. 1. 22 S.
— Die Ichneutai des Sophokles. — B. 71, 1919, H. 1. 29 S.
— Der Apollonhymnus des Kallimachos. — B. 78, 1926, H. 3. 14 S.
— Nachruf auf Johannes Ilberg. (Gesprochen am 15. Nov. 1930). —B. 82, 1930, H. 2., S. 21—30.

Bethe, Erich: Der homerische Apollonhymnus und das Prooimion. — B. 83, 1931, H. 2. 40 S.

Bickermann, Elias u. Johannes **Sykrutis:** Speusipps Brief an König Philipp. Text, Übersetzung, Untersuchungen. — B. 80, 1928, H. 3. 86 S.

Birch-Hirschfeld, Adolf, *seit 25. 7. 1895 o. Mitgl., gest. 11. 1. 1917:* Zum Gedächtnis an Richard Wülker. — B. 62, 1910, S. 493—500.

Blass, Friedrich: Zur ältesten Geschichte des platonischen Textes. — B. 50, 1898, S. 197—217. B. 51, 1899, S. 161—164.

— Über einige Leipziger literarische Fragmente auf Papyrus oder Pergament. — B. 56, 1904, S. 205—212.

Boehmer, Heinrich, *seit 1. 7. 1920 o. Mitgl., gest. 25. 3. 1927:* Loyola und die deutsche Mystik. — B. 73, 1921, H. 1. 43 S.

— Luthers erste Vorlesung. — B. 75, 1923, H. 1. 58 S.

oehtlingk, Otto, *seit 21. 12. 1886 o. Mitgl., gest. 1. 4. 1904:* Kritische Bemerkungen zu Pâraskara's Gṛhjasûtra. — B. 48, 1896, S. 1—11.

— Probe einer Kritik des Gopathabrâhmaṇa. — B. 48, 1896, S. 12—18.

— Nachtrag zu meinem Artikel: Ueber esha lokaḥ. — B. 48, 1896, S. 93—98.

— Miscellen. 1—10. — B. 48, 1896, S. 149—163.

— Bemerkungen zu Manu's Gesetzbuch. — B. 48, 1896, S. 245—250.

— Bemerkungen zur Bhagavadgîtâ. — B. 49, 1897, S. 1—16.

— Neue Miscellen. — B. 49, 1897, S. 39—52.

— Bemerkungen zu einigen Upanishaden. — B. 49, 1897, S. 78—100.

— Kritische Beiträge. — B. 49, 1897, S. 127—138. 50, 1898, S. 76—86. 51, 1899, S. 31—40. 53, 1901, S. 7—19.

— Verzeichnis der in diesen Berichten von mir besprochenen 1. Wörter, 2. Sachen und 3. Stellen, bzw. ganzer Schriften. — B. 51, 1899, S. 165—171.

— Über eine lateinische Inschrift auf einem in Paris ausgegrabenen kürbisförmigen Gefässe. — B. 51, 1899, S. 173—175.

— Zum lateinischen Gerundium und Gerundivum. — B. 51, 1899, S. 219—220.

— Die fünf Elemente der Inder und Griechen. — B. 52, 1900, S. 149—151.

— Die Composita der Typen Bindfaden und Bindewort. — B. 52, 1900, S. 201 bis 207.

— Grammatische Absonderheiten im Aitarejabrâhmaṇa. — B. 52, 1900, S. 413 bis 421.

— Pflegten die Inder Töchter auszusetzen? — B. 52, 1900, S. 423—425.

— Einige angebliche Volksethymologien. — B. 53, 1901, S. 35—43.

— Sermo regis. — B. 53, 1901, S. 45—46.

— Vedisches. 1—4. 5—8. — B. 1902, S. 9—18, 173—184. 55, 1903, S. 2—6, 113—120.

— Über einen Imperativ avatāt in einem buddhistischen Werke. — B. 54, 1902, S. 19—21.

Borchardt, Ludwig, Der ägyptische Titel „Vater des Gottes" als Bezeichnung für „Vater oder Schwiegervater des Königs". — B. 57, 1905, S. 254—270.

Bräunlich, Erich, Zwei türkische Weltkarten aus dem Zeitalter der großen Entdeckungen. — B. 89, 1937, H. 1. 29 S.

Brandenburg, Erich, *seit 27. 4. 1908 o. Mitgl. 1938—39 Sekretär, 1940—43 Vizepräsident:* Probleme um die Kaiserin Gisela. — B. 80, 1928, H. 4. 38 S.

— Die Ahnen August des Starken. Generation I—XIII. 1937. — A. 43, 1938, Nr. 5. 154 S.

— Machiavelli und sein Principe. — B. 89, 1937, H. 4. 22 S.

— Der Begriff der Entwicklung und seine Anwendung auf die Geschichte. — B. 49, 1941, H. 4. 28 S.

— Die Ahnen Karl Augusts von Sachsen-Weimar. — A. 44, [1943], Nr. 4. 172 S.

Braun, Max: Brautwerbung. 1947 s. **Frings**, Theodor.

Brugmann, Karl, *seit 15. 10. 1888 o. Mitgl., gest. 29. 6. 1919:* Beiträge zur Wortforschung im Gebiete der indogermanischen Sprachen. — B. 49, 1897, S. 17—38,

— Oskisch aíkdafed und Verwandtes. — B. 49, 1897, S. 139—150.

— Attisch *μείζων* für *μέζων* und Verwandtes, — B. 49, 1897, S. 185—189.

— Der Ursprung der Barytona auf — *σος*. Ein Beitrag zur Entwicklungsgeschichte d. sog. Kurzformen d. Griechischen. — B. 51, 1899, S. 177—218.

— Über das Wesen der sogenannten Wortzusammensetzung. Eine sprachpsycholog. Studie. — B. 52, 1900, S. 359—401.

— Lateinisch prōcērus und sincērus. — B. 52, 1900, S. 403—411.

— *'Ωλέκρανον* aus *ὠλενόκρανον* und Verwandtes. — B. 53, 1901, S. 31—34.

— Beiträge zur griechischen und lateinischen Sprachgeschichte. — B. 53, 1901, S. 89—115.

— Die Demonstrativpronomina der indogermanischen Sprachen. Eine bedeutungsgeschichtl. Untersuchung. — A. 22, 1904, Nr. 6. 150 S.

— Verdunkelte Nominalkomposita des Lateinischen und des Griechischen. — B. 58, 1906, S. 158—178.

— Die distributiven und kollektiven Numeralia der indogermanischen Sprachen. Mit e. Anhang von Eduard **Sievers**, Altnordisch tvenn(i)r, þrenn(i)r, fernir. — A. 25, 1907, Nr. 5. 80 S.

— Pronominale Bildungen der indogermanischen Sprachen. — B. 60, 1908, S. 11—84.

— Das Wesen der lautlichen Dissimilationen. — A. 27, 1909, S. 139—178.

— Zur umbrischen und pälignischen Sprachgeschichte. — B. 63, 1911, S. 153 bis 175.

— Zur Geschichte der hiatischen ⟨zweisilbigen⟩ Vokalverschiebungen in den indogermanischen Sprachen. — B. 65, 1913, S. 141—218.

— Zur Erinnerung an Richard Meister. — B. 65, 1913, S. 221—228.

— EIPHNH. Eine sprachgeschichtl. Untersuchung. — B. 68, 1916, H. 3. 23 S.

— Worte zum Gedächtnis an August Leskien. Gesprochen am 14. Nov. 1916. — B. 68, 1916, H. 6., S. 16*—30*.

— Zu den Wörtern 'heute', 'gestern', 'morgen' in den indogermanischen Sprachen. — B. 69, 1917, H. 1. 34 S.

Brugmann, Karl: Der Ursprung des Scheinsubjektes 'es' in den germanischen und den romanischen Sprachen. — B. 69, 1917, H. 5. 57 S.

— Verschiedenheiten der Satzgestaltung nach Maßgabe der seelischen Grundfunktionen in den indogermanischen Sprachen. — B. 70, 1918, H. 6. 93 S.

Bruhns, Leo, *seit 22. 2. 1932 o. Mitgl.:* Nachruf auf Karl Woermann. — B. 85, 1933, H. 3., S. 15—24.

Buchwald, Georg u. Theodor **Herrle:** Redeakte bei Erwerbung der akademischen Grade an der Universität Leipzig im 15. Jahrhundert. Aus Handschriften d. Leipziger Universitätsbibliothek. — A. 36, 1921, Nr. 3. 96 S.

Bücher, Karl, *seit 25. 7. 1894 o. Mitgl., gest. 12. 11. 1930:* Arbeit und Rhythmus. 1896. — A. 17, 1897, Nr. 5. 130 S.

— Nekrolog auf August von Miaskowski. — B. 52, 1900, S. 351—358.

— Die Berufe der Stadt Frankfurt a. M. im Mittelalter. 1914. — A. 30, 1915, Nr. 3. 143 S.

— Worte zum Gedächtnis an Karl Lamprecht gesprochen am 14. Nov. 1915. Verzeichnis d. Schriften Karl Lamprechts. Zusammengestellt von Rudolf **Kötzschke.** —B. 67, 1915, H. 3., S. 93—119.

Büchner, Karl: Zur Form und Entwicklung der horazischen Ode und zur Lex Meinekiana — B. 91, 1939, H. 2. 59 S.

Conrady, August, *seit 24. 5. 1916 o. Mitgl., gest. 4. 6. 1925:* Alte west-östliche Kulturwörter. — B. 77, 1925, H. 3. 19 S.

Delbrück, Berthold, *seit 2. 2. 1885 o. Mitgl., gest. 3. 1. 1922:* Nekrolog auf Otto Boehtlingk. Gesprochen in d. Gesamtsitzung beider Klassen am 14. Nov. 1904. — B. 56, 1904, S. 253—258.

— Zu den germanischen Relativsätzen. — A. 27, 1909, S. 673—697.

— Germanische Syntax. 1—5.

1. Zu den negativen Sätzen. 1910. — A. 28, 1911, Nr. 4. 63 S.
2. Zur Stellung des Verbums. — A. 28, 1911, Nr. 7. 75 S.
3. Der altisländische Artikel. 1916. — A. 33, 1919, Nr. 1. IV, 82 S.
4. Die Wortstellung in dem älteren Westgötischen Landrecht. 1918, — A. 36, 1921, Nr. 1. 71 S.
5. Germanische Konjunktionssätze. 1919. — A. 36, 1921, Nr. 4. VI, 80 S.

Delitzsch, Friedrich, *seit 3. 8. 1891 o. Mitgl., gest. 19. 12. 1922:* Über den Ursprung der babylonischen Keilschriftzeichen. — B. 48, 1896, S. 167 bis 198.

— Das babylonische Weltschöpfungsepos. — A. 17, 1897, Nr. 2. 160 S.

— Die babylonische Chronik nebst einem Anhang über die synchronistische Geschichte. P. 1906. — A. 25, 1907, Nr. 1. 46 S.

Distel-⟨Blasewitz⟩, Theodor: Nachträge zu den „Berichten" vom Jahre 1879, S. 106 und 141, sowie über Müllner-Weissenfels als Astronom. — B. 51, 1899, S. 172.

— Zum „Graf Ehrenfried" Christian Reuters. — B. 54, 1902, S. 22.

Distel-⟨Blasewitz⟩, Theodor: Auszüge aus Briefen von Johann Gottfried Gruber an Carl August Böttiger. — B. 56, 1904, S. 271—292.

Ermann, Adolf: Nekrolog auf Georg Ebers. — B. 51. 1899, S. 221—223.
Eulenburg, Franz: Die Frequenz der deutschen Universitäten von ihrer Gründung bis zur Gegenwart. Mit 1 Kte u. 8 graph. Darstellgn. 1904. — A. 24, 1906, Nr. 2. XI, 323 S.

Fehr, Hans: Fürst und Graf im Sachsenspiegel. — B. 58, 1906, S. 2—99.
Fischer, August, *seit 30. 7. 1900 o. Mitgl., 1926—32 Sekretär:* Nekrolog auf Ludwig Krehl. — B. 53, 1901, S. 63—74.
— „Tag und Nacht“ im Arabischen und die semetische Tagesberechnung — A. 27, 1909, S. 739—758.
— Auflösung der Akkusativreduktion des transitiven Verbs durch die Präposition *li* im klassischen Arabisch. — B. 62, 1910, S. 161—188.
— Muḥammad und Aḥmad, die Namen der arabischen Propheten. — B. 84, 1932, H. 3. 27 S.
— Beiträge zum Verständnis religiöser muslimischer Texte. 1. 1933. — A. 42, 1934. Nr. 4. 56 S.
— Der Wert der vorhandenen Koran-Übersetzungen und Sure 111. —B. 89, 1937, H. 2. 49 S.
— Der „Koran„ des Abu l'-ʿAlā' al-Maʿarrī. — B. 94, 1942, H. 2. 100 S.
Förster, Max, *seit 14. 11. 1912 o., später auswärt. Mitgl.:* Zum Gedächtnis an Adolf Birch-Hirschfeld. — B. 69, 1917, H. 8., S. 1—14.
— Die Beowulf-Handschrift. Mit 2 Taf. — B. 71, 1919, H. 4. 89 S.
Förster, Richard: Johann Jakob Reiske's Briefe. — A. 16, 1897. XVI, 928 S.
— Briefe von J. J. Reiske. Nachtrag. 1917. — A. 34, 1921, Nr. 4. 40 S.
Französisches, etymologisches Wörterbuch. 1. 2. Bericht. — B. 88, 1936, H. 5., S. 16*—17*. 90, 1938, H. 3., S. 11*—14*.
Freyer, Hans, *seit 5. 6. 1936 o. Mitgl.:* Über Fichtes Machiavelli-Aufsatz. — B. 88, 1896, H. 1. 26 S.
Friedländer, Paul: Die Melodie zu Pindars erstem phytischen Gedicht. — B. 86, 1934, H. 4. 54 S.
Frings, Theodor, *seit 1. 7. 1930 o. Mitgl., 1933—39 Sekretär:* Sprache und Dichtung im mitteldeutschen Osten. Mit 10 Ktn. — B. 84, 1932, H. 6. 35 S.
— Eduard Sievers. Elisabeth **Karg-Gasterstätt**: Schriftenverzeichnis. — B. 85, 1933, H. 1. 92 S.
— Herbort. Studien zur Thidrekssaga. 1. — B. 95, 1943, H. 5. 38 S.
— u. Max **Braun:** Brautwerbung. T. 1. 1947. — B. 96, 1944/48, H. 2. 148 S.

Gelzer, Heinrich, *seit 25. 7. 1894 o. Mitgl., gest. 11. 7. 1906:* Zur armenischen Götterlehre. — B. 48, 1896, S. 99—148.
— Zur Genesis der Byzantinischen Themenverfassung. Mit 1 Kte. — A. 18, 1899, Nr. 5. 133 S.

Gelzer, Heinrich, Der wiederaufgefundene Kodex des hl. Klemens und andere auf den Patriarchat Achrida bezüglichen Urkundensammlungen. — B. 55, 1903, S. 41—110.

— Der Patriarchat von Achrida. Geschichte u. Urkunden. 1902. — A. 20, 1903, Nr. 5. 231 S.

Gerullis, Georg [Mithrsg.] s. **Sievers**, Eduard: Die altslavischen Verstexte von Kiew und Freising. 1924.

Glitsch, Heinrich: Der alamannische Zentenar und sein Gericht. — B. 69, 1917, H. 2. 156 S.

Goetz, Georg, *seit 15. 10. 1888 o. Mitgl., gest. 1. 1. 1932:* Über Dunkel- und Geheimsprachen im späten und mittelalterlichen Latein. — B. 48, 1896, S. 62—92.

— Nachruf auf Alfred Fleckeisen. — B. 51, 1899, S. 239—241.

— Beiträge zur Geschichte der lateinischen Studien im Mittelalter. — B. 55, 1903, S. 121—154.

— Zur Würdigung der grammatischen Arbeiten Varros. — A. 27, 1909, S. 65—89.

— Attonis qui fertur polipticum quod appelatur perpendiculum. Eingeleitet, hrsg. u. übersetzt. 1922. — A. 37, 1926, Nr. 2. 70 S.

— [Hrsg.] s. **Gundermann**, Gotthold. 1926.

Goetz, Walter, *seit 1. 7. 1930 o. Mitgl.:* Nachruf auf Karl Bücher. (Gesprochen am 14. Nov. 1931). — B. 83, 1931, H. 5., S. 1*—12*.

Nachruf auf Wilhelm Stieda. — B. 85, 1933, H. 3, S. 1 — 12.

Grohmann, Adolf: Äthiopische Marienhymnen. — A. 33, 1919, Nr. 4. XII, 507 S.

Gundermann, Gotthold: Trogus und Gellius bei Radulfus de Diecto. Aus d. Nachlasse hrsg. von Georg Goetz. — B. 78, 1926, H. 2. 33 S.

Guthe, Hermann: Amos. Metrisch bearbeitet. 1907 s. **Sievers**, Eduard.

Haenisch, Erich, *seit 5. 5. 1930 o. Mitgl.:* Untersuchungen über das Yüan-ch'ao pi-shi, die geheime Geschichte der Mongolen. — A. 41, 1931, Nr. 4. 100 S.

— Die Heiligung des Vaters- und Fürstennamens in China, ihre ethische Begründung und ihre Bedeutung im Leben und Schrifttum. Mit 4 Taf. — B. 84, 1932, H. 4. 20 S.

— Steuergerechtsame der chinesischen Klöster unter der Mongolenherrschaft. Eine kulturgeschichtl. Untersuchung mit Beigabe dreier noch unveröffentl. Phagspa-Inschriften. Mit 4 Taf. — B. 92, 1940. H. 2. 74 S.

— Mencius und Liu Hiang. — B. 94, 1942. H. 1. 90 S.

Hantzsch, Viktor: Über Georg Marggraf. Vorgelegt von Herrn [Friedrich] Ratzel. — B. 48, 1896. S. 199—227.

— Sebastian Münster. Leben, Werk, wissenschaftliche Bedeutung. 1898. — A. 18, 1899, Nr. 3. 187 S.

Hauck, Albert, *seit 2. 2. 1891 o. Mitgl., 1916—17 Sekretär, gest. 7. 4. 1918:* Über die Exkommunikation Philipps von Schwaben. — B. 56, 1904, S. 137—150.

— Worte zum Gedächtnis an Oskar Gebhardt. Gesprochen am 14. Nov. 1906. — B. 58, 1906, S. 179—190.

Hauck, Albert: Die Entstehung der geistl. Territorien. — A. 27, 1909, S. 645 — 672.
— Worte zum Gedächtnis an Georg Heinrich. Gesprochen am 14. Nov. 1915. — B. 67, 1915, S. 121—131.

Heimpel, Hermann: Bemerkungen zur Geschichte König Heinrichs des Ersten. — B. 88, 1936, H. 4. 45 S.

Heinrici, Georg C. F., *seit 24. 5. 1909 o. Mitgl., gest. 29. 9. 1915:* Nekrolog auf Max Heinze gesprochen in d. öffentl. Gesamtsitzung beider Klassen am 14. Nov. 1909. — B. 61, 1909, S. 209—234.
— Zur patristischen Aporienliteratur. — A. 27, 1909, S. 841—860.
— Griechisch-byzantinische Gesprächsbücher und Verwandtes aus Sammelschriften. Hrsg. u. untersucht. — A. 28, 1911, Nr. 8. 97 S.
— Nachträgliches zu den „Griechisch-Byzantinischen Gesprächsbüchern". — B. 64, 1912, S. 169—183.

Heinze, Max, *seit 15. 12. 1877 o. Mitgl., gest. 11. 9. 1909:* Ethische Werte bei Aristoteles. — A. 27, 1909, S. 1—31.
— Tertullians Apologeticum. — B. 62, 1910, S. 281—490.

Heinze, Richard, *seit 17. 6. 1907 o. Mitgl., 1916—22 stellvertr. Sekretär, gest. 22. 8. 1929:* Ciceros politische Anfänge. — A. 27, 1909, S. 945—1010.
— Hermann Peter. Nekrolog. — B. 66, 1914, S. 111—118.
— Die lyrischen Verse des Horaz. — B. 70, 1918, H. 4. 91 S.
— Ovids elegische Erzählungen. — B. 71, 1919, H. 7. 129 S.

Herrle, Theodor: Redeakte bei Erwerbung der akademischen Grade an der Universität Leipzig im 15. Jahrhundert. 1921 s. **Buchwald,** Georg.

Hertel, Johannes, *seit 1. 7. 1921 o. Mitgl.:* Über die Jaina-Rezensionen des Pañcatantra. — B. 54, 1902, S. 23—134.
— Über das Tantrākhyāyika, die kaśmirische Rezension des Pañcatantra. Mit d. Texte d. Handschrift Decc. Coll. VIII, 145. — A. 22, 1904, Nr. 5. XXVIII, 154 S., 1 Taf.
— Das südliche Pañcatantra. Sanskrittext d. Rezension ß mit d. Lesearten d. besten Hss. d. Rezension *α*. — A. 24, 1906, Nr. 5. XCVII, 139 S.
— Ein altindisches Narrenbuch. 1. — B. 64, 1912, S. 1—67.
— Jinakīrtis „Geschichte von Pāla und Gōpāla". — B. 69, 1917, H. 4. 156 S.
— Nekrolog auf Ernst Windisch. Gesprochen am 14. Nov. 1921. — B. 73, 1921, H. 2., S. 9*—24*.
— Nekrolog auf August Conrady. — B. 77, 1925, H. 4., S. 7*—14*.
— Beiträge zur Metrik des Awestas und des Ṛgvedas. 1927. — A. 38, 1928, Nr. 3. 98 S.
— Beiträge zur Erklärung des Awestas und des Vedas. 1929. — A. 40, 1930, Nr. 2. XXIX, 284 S.
— Die awestischen Jahreszeitenfeste: Āfrīngān. 3. — B. 85, 1933, H. 2. 80 S.
— Der Planet Venus im Awesta. — B. 87, 1935, H. 1. 107 S.
— Die awestischen Herrschafts- und Siegesfeuer. Mit Text, Übersetzung u. Erklärung von Yašt 18 u. 19. — A. 41, 1931, Nr. 6. XV, 206 S.
— Das indogermanische Neujahrsopfer im Veda. — B. 90, 1938, H. 1. 190 S.

Hirt, Hermann: Die Betonung des Polabischen. Vorgelegt von Herrn [August] Leskien. — B. 48, 1896, S. 228—244.

Hirzel, Rudolf, *seit 13. 1. 1896 o. Mitgl., gest. 30. 12. 1917:* Die Homonymie der griechischen Götter nach der Lehre antiker Theologen. Mit 1 Taf. — B. 48, 1896, S. 277—337.

— *Ἄγραφος Νόμος.* 1900. — A. 20, 1903, Nr. 1. 98 S.

— Die Strafe der Steinigung. — A. 27, 1909, S. 223—266.

— Der Name. Ein Beitrag zu seiner Geschichte im Altertum u. besonders bei d. Griechen. 1918. — A. 36, 1921, Nr. 2. 108 S.

Hultsch, Friedrich, *seit 2. 2. 1885 o. Mitgl., gest. 6. 4. 1906:* Die Elemente der ägyptischen Theilungsrechnung. 1. Abhandlung. 1895. — A. 17, 1897, Nr. 1. 192 S.

— Ein Flüssigkeitsmass der Provinz Hispanien und die Fassungsräume einiger antiken Dolien. Mit 1 Abb. — B. 49, 1897, S. 199—208.

— Die Gewichte des Alterthums nach ihrem Zusammenhange dargestellt. 1898. — A. 18, 1899, Nr. 2. XIII, 205 S.

— Hipparchos über die Größe und Entfernung der Sonne. — B. 52, 1900, S. 169 bis 200.

— Die ptolomäischen Münz- und Rechnungswerte. 1903. — A. 22, 1904, Nr. 3. 60 S.

Ilberg, Johannes, *seit 11. 6. 1923 o. Mitgl., gest. 21. 8. 1930:* Die Überlieferung der Gynäkologie des Soranos von Ephesos. Mit 6 Taf. 1910. — A. 28, 1911, Nr. 2. 121 S.

— Die Ärzteschule von Knidos. — B. 76, 1924, H. 3. 26 S.

— Vorläufiges zu Caelius Aurelianus. — B. 77, 1925, H. 1. 18 S.

— Rufus von Ephesos. Ein griech. Arzt in trajanischer Zeit. 1930. — A. 41, 1931, Nr. 1. 53 S.

Immisch, Otto: Die antiken Angaben über die Entstehungszeit des platonischen Phädrus. — B. 56, 1904, S. 213—251.

Junker, Heinrich F. J., *seit 16. 2. 1929 o. Mitgl.:* Arische Forschungen. Yaghnōbī-Studien. 1. Die sprachgeographische Gliederung des Yaghnōb-Tales. Mit 4 Ktn. 1930. — A. 41, 1931, Nr. 2. 131 S.

— Ein Bruchstück der Āfrīnaghān ī Gāhānbār. Mit 10 Taf. — B. 84, 1932, H. 5. 38 S.

— Rede auf Wilhelm von Humboldt und die Sprachwissenschaft. ⟨Auszug.⟩ — B. 87, 1935, H. 3., S. 11—28.

Karg-Gasterstädt, Elisabeth: Schriftenverzeichnis Eduard Sievers. — B. 85, 1933, H. 1., S. 57—92.

Keil, Bruno, *seit 22. 2. 1915 o. Mitgl., gest. 27. 3. 1916:* ΕΙΡΗΝΗ. Eine philolog.-antiquar. Untersuchung. — B. 68, 1916, H. 4. 90 S.

— Beiträge zur Geschichte des Areopags. — B. 71, 1919, H. 8. 100 S.

Klingner, Friedrich, *seit 5. 6. 1935 o. Mitgl.:* Horazens Brief an die Pisonen. — B. 88, 1936, H. 3. 68 S.

— Die Geschichte Kaisers Othos bei Tacitus. — B. 92, 1940, H. 1. 27 S.

— Über die vier ersten Bücher der Odyssee. 1944. — B. 96, 1944/48, H. 1. 55 S.

Koch, Herbert, *seit 1. 7. 1930 o. Mitgl.:* Nachruf auf Franz Studniczka. (Gesprochen am 15. Nov. 1930.) — B. 82, 1930, H. 2., S. 1—20.

Körte, Alfred, *seit 15. 7. 1918 o. Mitgl.:* Zu dem Menander-Papyrus in Kairo. — B. 60, 1908, S. 87—141.

— Zwei neue Blätter der Perikeiromene. ⟨Hiezu 4 Taf.⟩ — B. 60, 1908, S. 145 bis 175.

— Worte zum Gedächtnis an Rudolf Hirzel ⟨1846—1947⟩. Gesprochen am 14. Nov. 1918. — B. 70, 1918, H. 7., S. 3*—16*.

— Zu neueren Komödienfunden. (1. Eupolis Demen. 2. Menanders Misumenos. 3. Alexis.) — B. 71, 1919, H. 6. 40 S.

— Worte zum Gedächtnis an Justus Hermann Lipsius ⟨1834—1920⟩. Gesprochen am 19. Nov. 1921. — B. 73, 1921, H. 2., S. 41*—50*.

— Aufbau und Ziel von Xenophons Symposion. — B. 79, 1927, H. 1. 48 S.

— Worte zum Gedächtnis an Richard Heinze. (Gesprochen am 16. Nov. 1929.) — B. 81, 1929, H. 2, S. 13—30.

— Der Begriff des Klassischen in der Antike. — B. 86, 1934, H. 3. 15 S.

— Die Menschen Menanders. — B. 89, 1937, H. 3. 27 S.

— Worte zum Gedächtnis an Erich Bethe ⟨1863—1940⟩. — B. 94, 1942, H. 3., S. 1—8.

Köster, Albert, *seit 16. 5. 1904 o. Mitgl., gest. 29. 5. 1924:* Über Sprechverse des sechzehnten Jahrhunderts. — B. 57, 1905, S. 1—17.

— Die Niederschrift der israelitischen Urgeschichte in Goethes „Dichtung und Wahrheit". — B. 57, 1905, S. 19—34.

— Das Bild an der Wand. Eine Untersuchung über d. Wechselverhältnis zwischen Bühne u. Drama. — A. 27, 1909, S. 267—302.

— Prologomena zu einer Ausgabe der Werke Theodor Storms. — B. 70, 1918, H. 3. 73 S.

Koetzschke, Rudolf, *seit 5. 6. 1935 o. Mitgl., gest. 3. 8. 1949:* Verzeichnis der Schriften Karl Lamprechts. 1915 s. **Bücher,** Karl: Worte zum Gedächtnis an Karl Lamprecht.

— Die Heimat der mitteldeutschen Bilderhandschriften des Sachsenspiegels. Mit 2 farb. u. 12 schwarzen Abb. — B. 95, 1943, H. 2. 79 S.

— Die Anfänge des deutschen Rechtes in der Siedlungsgeschichte des Ostens ⟨Jus teutonicum⟩. — B. 93, 1941, H. 2. 66 S.

Koschaker, Paul, *seit 31. 7. 1917 o. Mitgl., 1933 stellvertr. Sekretär:* Nekrolog auf Ludwig Mitteis. Gesprochen am 1. Juli 1922. — B. 74, 1922, H. 2., S. 21* bis 29*.

— Neue keilinschriftliche Rechtsurkunden aus der El-Amarna-Zeit. — A. 39, 1928, Br. 5. X, 184 S.

Koschaker, Paul: Über einige geschriebene Rechtsurkunden aus den östlichen Randgebieten des Hellenismus. Mit Beiträgen zum Eigentums- u. Pfandbegriff nach griech. u. oriental. Rechten. 1931. — A. 42, 1934, Nr. 1. VIII, 122 S.

Kromayer, Johannes, *seit 22. 2. 1915 o. Mitgl., gest. 22. 9. 1395:* Drei Schlachten aus dem griechisch-römischen Altertum. Mit 6 Kt. — A. 34, 1921, Nr. 5, 80 S.

Krumbiegel, Jugo [Mitarb.] s. **Landsberger,** Benno: Die Fauna des alten Mesopotamien. 1934.

Krueger, Felix, *seit 17. 11. 1923 o. Mitgl.:* Nekrolog auf Johannes Volkelt. (Gesprochen am 1. Juli 1930.) — B. 82, 1930, H. 1. 14 S.

Lamprecht, Karl, *seit 21. 12. 1892 o. Mitgl., gest. 10. 5. 1915:* Die Königlich-Sächsische Kommission für Geschichte. — B. 52, 1900, S. 153—167.

— Nekrolog auf Friedrich Ratzel. — B. 56. 1904, S. 259—269.

— Zur universalgeschichtlichen Methodenbildung. — A. 27, 1909, S. 33—63.

— Worte zum Gedächtnis an Kurt Damm Paul von Seydewitz. — B. 63, 1911, S. 211—219.

Landsberger, Benno: Die Fauna des alten Mesopotamien nach der 14. Tafel der Serie Ḫar-Ra-*ḫubullu.* Unter Mitwirkung von Jugo **Krumbiegel.** — A. 42, 1934, Nr. 6. XIII, 144 S.

Leipoldt, Johannes: Epiphanios von Salamis „Ancoratus" in saïdischer Übersetzung. — B. 54, 1902, S. 136—171.

Leitzmann, Albert: Briefe aus dem Nachlass Wilhelm Wackernagels. 1916. — A. 34, 1921, Nr. 1. 175 S.

Leskien, August, *seit 15. 11. 1875 o. Mitgl., 1890—94 stellvertr. Sekretär, gest. 20. 9. 1916:* Zur Kritik des altkirchenslawischen Codex Suprasliensis. 1. 1909. 2. 1910. — A. 27, 1909, S. 443—465. 28, 1911, Nr. 1. 26 S.

— Über Dialektmischung in der serbischen Volkspoesie. — B. 62, 1910, S. 129 bis 160.

— Zur Wanderung von Volksliedern. —B. 63, 1911, S. 177—192.

Lipsius, Justus Hermann, *seit 2. 2. 1885 o. Mitgl., 1898—1915 stellvertr. Sekretär, gest. 8. 9. 1920:* Beiträge zur Geschichte griechischer Bundesverfassungen. — B. 50, 1898, S. 145—176.

— Beiträge zur pindarischen Chronologie. — B. 52, 1900, S. 1—22.

— Über Antiphons Tetralogien. — B. 56, 1904, S. 191—204.

— Worte zum Gedächtnis an Curt Wachsmuth. — B. 57, 1905, S. 287—297.

— Worte zum Gedächtnis von Friedrich Hultsch. Gesprochen am 14. Nov. 1906. — B. 58, 1906, S. 191—198.

— Zum Recht von Gortyns. — A. 27, 1909, S. 391—410.

— Der Historiker von Oxyrhynchos. — B. 67, 1915, S. 3—26.

— Worte des Gedächtnisses an Bruno Keil. Gesprochen am 14. Nov. 1916. — B. 68, 1916, H. 6., S. 3*—15*.

— Lysias Rede gegen Hippotherses und das attische Metökenrecht. — B. 71, 1919, H. 9. 12 S.

Litt, Theodor, *seit 20. 1. 1926 o. Mitgl.:* Das Allgemeine im Aufbau der geisteswissenschaftlichen Erkenntnis. — B. 93, 1941, H. 1. 71 S.

Martini, Edgar: Textgeschichte der Bibliotеke des Patriarchen Photios von Konstantinopel. 1. Handschriften, Ausgaben und Übertragungen. Mit 8 Taf. — A. 28, 1911, Nr. 6. 133 S.

Marx, Friedrich, *seit 25. 2. 1900 o. Mitgl., gest. 17. 10. 1941:* Aristoteles Rhetorik. — B. 52, 1900, S. 241—328.

— Über die Trierer Handschrift des Filastrius. Zur Ergänzung d. Wiener Ausgabe. — B. 56, 1904, S. 43—105.

— Aktaion und Prometheus. — B. 58, 1906, S. 101—123.

— Zwei Auslautsgesetze der katalaktischen jambisch-trochaeischen Verse der altlateinischen Dichter. — B. 59, 1907, S. 129—200.

— Naeuius. — B. 63, 1911, S. 39—82.

— Über die Caritas des Leonardo da Vinci in der kurfürstlichen Galerie zu Cassel. Mit 3 Taf. u. 8 Abb. im Text. 1916. — A. 34, 1921, Nr. 2. 94 S.

— Molossische und bakcheische Wortformen in der Verskunst der Griechen und Römer. 1922. — A. 37, 1926, Nr 1. 237 S.

— Plautus Rudens. Text u. Commentar. —A. 38, 1928, Nr. 5. 322 S.

Meister, Richard, *seit 3. 8. 1891 o. Mitgl., gest. 30. 11. 1912:* Rechtsvertrag zwischen Chaleion und Oianthea. — B. 48, 1896, S. 19—43.

— Ein altthessalisches Ehrendekret für den Korinther Sotairos. — B. 48, 1896, S. 251—265.

— Die Depositionsurkunde des Xuthias. Mit 1 Taf. — B. 48, 1896, S. 266 bis 276.

— Beiträge zur griechischen Epigraphik und Dialektologie. 1—11.

1. Wiesenverpachtung in Thepsiai. Tempelgesetz aus dem Tempel der Despoina in Lykosura. Opferinschrift aus dem epidaurischen Asklepeosheiligtum. Zum Kolonialrechte von Naupaktos. — B. 51, 1899, S. 141 bis 160.
2. Trözenische Entschädigungsurkunde. — B. 53, 1901, S. 21—30.
3. Ein Kapitel aus dem altgriechischen Pfandrechte. — B. 54, 1902, S. 2 bis 7.
4. Die Inschrift von Sillyon und der pamphylische Dialekt. — B. 56, 1904, S. 3—42.
5. Pamphylisch *ΕΛΥΨΑ* = ἔλ(λ)υψα(ν) für ἔγλυψαν. Aus Lakonien. Aus Böotien. — B. 57, 1905, S. 272—286.
6. Kyprische Inschrift auf dem Fragment einer Tonplatte im Leipziger Museum für Völkerkunde. Mit 1 Taf. — B. 60, 1908, S. 2—8.
7. Zwei kyprische Inschriften. Mit 1 Taf. — B. 61, 1909, S. 3—13.
8. Synoikievertrag aus dem arkadischen Orchomenos. — B. 62, 1910, S. 11—26.
9. Kyprische Inschriften. Mit 3 Taf. — B. 62, 1910, S. 233—247.

Meister, Richard: 10. Kyprische Inschriften ⟨mit einem Exkurs über die altphrygische Arezastis-Inschrift⟩. Mit 2 Taf. — B. 63, 1911, S. 17—38.
11. Das Urteil von Mantineia. Mit 1 Taf. — B. 63, 1911, S. 193—210.
— Elisches Amnestiegesetz auf einer Bronzetafel aus Olympia. — B. 50, 1898, S. 218—228.
— Dorer und Achäer. 1. 1904. — A. 24, 1906, Nr. 3. 99 S.
— Ein Ostrakon aus dem Heiligtum des Zeus Epikoinios im kyprischen Salamis. Mit 2 Taf. — A. 27, 1909, S. 303—332.
Mende, Ferdinand Wilhelm: Stiftung. — B. 53, 1901, S. XXIX—XXXV.
Menzel, Adolf: Protagoras als Gesetzgeber von Thurii. — B. 62, 1910, S. 191—229.
Meyer, Karl H.: Perfektive, imperfektive und perfektive Aktionsart im Lateinischen. — B. 69, 1917, H. 6. 74 S.
Meyer-Lübke, Wilhelm, *seit 1. 7. 1930 korresp. Mitgl., gest. 4. 10. 1936:* Die Schicksale des lateinischen *l* im Romanischen. — B. 86, 1934, H. 2. 83 S.
Michels, Victor, *seit 3. 6. 1921 o. Mitgl., gest. 4. 2. 1929:* Nachruf auf Friedrich Kluge. — B. 79, 1927, H. 2. S. 7*—13*.
— Zur Handschriftenkritik des Nibelungenliedes. — A. 39, 1928, Nr. 4. 100 S.
Mitgliederverzeichnis s. Schlußheft der jeweiligen Jahresbände.
Mitteis, Ludwig, *seit 3. 6. 1921 o. Mitgl., gest. 26. 12. 1921:* Zur Geschichte der Erbpacht im Altertum. 1901. — A. 20, 1903, Nr. 4. 66 S.
— Zur Lehre von den Libellen und der Prozesseinleitung nach dem Papyri der früheren Kaiserzeit. — B. 62, 1910, S. 61—126.
— Worte zum Gedächtnis an Moritz Voigt. — B. 57, 1905, S. 299—304.
— Über die privatrechtliche Bedeutung der ägyptischen *βιβλιοθήκη ἐγκτήσεων*. — B. 62, 1910, S. 249—263.
— Zu der Stelle des Ulpian D. 27, 10, 1 pr. — B. 62, 1910, S. 264—269.
— Das Receptum nautarum in den Papyrusurkunden. — B. 62, 1910, S. 270 bis 278.
Mogk, Eugen, *seit 30. 7. 1900 o. Mitgl., gest. 5. 5. 1939:* Die Menschenopfer bei den Germanen. — A. 27, 1909, S 601—643.
— Der Ursprung der mittelalterlichen Sühnekreuez. — B. 81, 1929, H. 1. 28 S.
— Zur Bewertung der Snorra-Edda als religionsgeschichtliche und mythologische Quelle des nordgermanischen Heidentums. Mit 1 Taf. — B. 84, 1932, H. 2. 18 S.

Naber, Jean Charles: Zum Text der Berliner lateinischen Papyri BGU 611 und 628. — B. 63, 1911, S. 129—132.
Nachrichten der philologisch-historischen Klasse aus dem Jahre 1901. — B. 53, 1901, S. XXXVI.
Naegele, Anton: Über Arbeitslieder bei Johannes Chrysostomos. Patristisch-Literarisches zu Karl Büchers „Arbeit und Rhythmus“. — B. 57, 1905, S. 101—142.
Neugebauer, Paul V. u. Ernst F. **Weidner**: Ein astronomischer Beobachtungstext a. d. 37. Jahre Nebukadnezars II. ⟨—567/566.⟩ — B. 67, 1915, S. 29—89.

Partsch, Josef [Mitarb.] s. **Sethe,** Kurt: Demotische Urkunden. 1920.

Partsch, Joseph, *seit 25. 5. 1906 o. Mitgl., gest. 22. 6. 1925:* Die Hohe Tatra zur Eiszeit. (Mit 2 Ktn). — B. 60, 1908, S. 177—194.

— Des Aristoteles Buch „Über das Steigen des Nils". Eine Studie zur Geschichte d. Erdkunde im Altertum. Mit 1 Diagr. — A. 27, 1909, S. 553—600.

— Die Grenzen der Menschheit. 1. Die antike Oikumene. — B. 68, 1916, H. 2. 62 S.

— Dünenbeobachtungen im Altertum. — B. 69, 1917, H. 3. 27 S.

— Die Stromgabelungen der Argonautensage. Ein Blatt aus d. Entdeckungsgeschichte Mitteleuropas. — B. 71, 1919, H. 2. 17 S.

— Palmyra, eine historisch-klimatische Studie. — B. 74, 1922, H. 1. 17 S.

Peter, Hermann, *seit 1897 o. Mitgl., gest. 16. 2. 1914:* Der Brief in der römischen Literatur. Literaturgeschichtl. Untersuchungen u. Zusammenfassungen. 1901. — A. 20, 1903, Nr. 3. 259 S.

— Die römischen, sogen. dreissig Tyrannen. — A. 27, 1909, S. 178—222.

— Die Schrift Origo gentis Romanae. Mit e. Abhandlung über ihr Verhältnis zu anderen Zitatenfälschungen d. griech. u. röm. Altertums u. mit Anmerkungen. — B. 64, 1912, S. 71—166.

Peters, Hans: Die oströmischen Digestenkommentare und die Entstehung der Digesten. — B. 65, 1913, S. 3—113.

Ratzel, Friedrich, *seit 21. 12. 1886 o. Mitgl., gest. 9. 8. 1904:* Der Staat und sein Boden geographisch betrachtet. Mit 5 Ktn Skizz. 1896. — A. 17, 1897, Nr. 4. 127 S.

— Der Ursprung und das Wandern der Völker geographisch betrachtet. 1. 2.
  1. Zur Einleitung und Methodisches. — B. 50, 1898, S. 1—75.
  2. Geographische Prüfung der Tatsachen über den Ursprung der Völker Europas. (Mit 1 Kte). — B. 52, 1900, S. 23—147.

— Studien über den Küstensaum. Mit 6 Kten. — B. 55, 1903, S. 199—298.

Roscher, Wilhelm Heinrich, *seit 2. 2. 1891 o. Mitgl., gest. 9. 3. 1923:* Das von der „Kynanthropie" handelnde Fragment des Marcellus von Sidc. Mit 3 Textfig. 1896. — A. 17, 1897, Nr. 3. 92 S.

— Ephialtes, eine pathologische-mythologische Abhandlung über die Alpträume und Alpdämonen des klassischen Altertums. — A. 20, 1903, Nr. 2. 132 S.

— Die enneadischen und hebdomadischen Fristen und Wochen der ältesten Griechen. Ein Beitrag zur vergleichenden Chronologie und Zahlenmystik. — A. 21, 1903, Nr. 4. 92 S.

— Die Sieben- und Neunzahl im Kultus und Mythus der Griechen nebst einem Anhang: Nachträge zu d. „enneadischen u. hebdomadischen Fristen u. Wochen" enthaltend. 1904. — A. 24, 1906, Nr. 1. 126 S.

— Die Hebdomadenlehren der griechischen Philosophen und Ärzte. Ein Beitrag zur Geschichte d. griech. Philosophie u. Medizin. — A. 24, 1906, Nr. 6. 240 S.

Roscher, Wilhelm Heinrich: Enneadische Studien. Versuch e. Geschichte d. Neunzahl bei d. Griechen mit bes. Berücksichtigung d. älteren Epos, d. Philosophen u. Ärzte. 1907. — A. 26, 1909, Nr. 1. 170 S.

— Die Tessarakontaden und Tessarakontadenlehren der Griechen und anderer Völker. Ein Beitrag zur vergleichenden Religionswissenschaft, Volkskunde u. Zahlenmystik, sowie zur Geschichte d. Medizin u. Biologie. — B. 61, 1909, S. 17—206.

— Die Zahl 40 im Glauben, Brauch und Schrifttum der Semiten. Ein Beitrag zur vergleichenden Religionswissenschaft, Volkskunde und Zahlenmystik. — A. 27, 1909, S. 91—138.

— Über Alter, Ursprung und Bedeutung der hippokratischen Schrift von der Siebenzahl. Ein Beitrag zur Geschichte d. ältesten griech. Philosophie u. Prosaliteratur. Mit 1 Taf. u. 1 Abb. — A. 28, 1911, Nr. 5. 154 S.

— Omphalos. Eine philolog.-archäölog.-volkskundl. Abhandlung über d. Vorstellungen d. Griechen u. anderer Völker vom „Nabel der Welt“. Mit 68 Fig. auf 9 Taf. u. 3 Bilder im Text. — A. 29, 1913, Nr. 9. 140 S.

— Neue Omphalosstudien. Mit 58 Fig. auf 7 Taf. u. 3 Bildern im Text. 1915. — A. 31, 1920, Nr. 1. 90 S.

— Der Omphalosgedanke bei verschiedenen Völkern, besonders den semitischen. Ein Beitrag zur vergleichenden Religionswissenschaft, Volkskunde u. Archäologie. Mit 15 Fig. im Text. — B. 70, 1918, H. 2. VI, 115 S.

— Die hippokratische Schrift von der Siebenzahl und ihr Verhältnis zum Altpythagoreismus. Ein Beitrag zur Geschichte d. ältesten Philosophie u. Geographie. Mit 3 Fig. im Text. — B. 71, 1919, H. 5. IV, 114 S.

— Die Zahl 50 in Mythus, Kultus, Epos und Taktik der Hellenen und anderer Völker, besonders der Semiten. Mit 20 Fig. auf 3 Taf. u. 3 Bildern im Text. 1917. — A. 33, 1919, Nr. 5. 134 S.

Ruge, Sophus, *seit 25. 7. 1894 o. Mitgl., gest. 23. 12. 1903:* Topographische Studien zu den portugiesischen Entdeckungen an den Küsten Afrikas. 1. Mit 1 Taf. — A. 20, 1903, Nr. 6. 110 S.

Schadewaldt, Wolfgang, *seit 5 6. 1935 o., später auswärt. Mitgl.:* Iliasstudien. — A. 43, 1938, Nr. 6. 182 S.

Schmarsow, August, *seit 25. 7. 1894 o. Mitgl., gest. 19. 1. 1936:* Über den Werth der Dimensionen im menschlichen Raumgebilde. — B. 48, 1896, S. 44—61.

— Ghibertis Kompositionsgesetze an der Nordtür des Florentiner Baptisteriums. — A. 18, 1899, Nr. 4. 47 S., 18 Abb.

— Der Meister E. S. und das Blockbuch „Ars moriendi“. — B. 51, 1899, S. 1—29.

— Reformvorschläge zur Geschichte der deutschen Renaissance. — B. 51, 1899, S. 41—76.

— Der Freskenschmuck einer Madonnenkapelle in Subiaco. — B. 53, 1901, S. 75—88.

— Die oberrheinische Malerei und ihre Nachbarn um die Mitte des XV. Jahrhunderts ⟨1430—1460⟩. Mit 5 Taf. 1903. — A. 22, 1904, Nr. 2. 112 S.

Schmarsow, August: Federigo Barocci. Ein Begründer des Barockstils in der Malerei. Mit 13 Taf. — A. 26, 1909, Nr. 4. 167 S.

— Federigo Baroccis Zeichnungen. Eine kritische Studie. 1—3.

1. Die Zeichnungen in den Sammlungen der Uffizien zu Florenz. — A. 26, 1909, Nr. 5. 40 S.
2. Die Zeichnungen in den übrigen Sammlungen Italiens. Mit 12 Taf. u. 1 Textabb. 1910. — A. 28, 1911, Nr. 3. 46 S.
3. Die Zeichnungen in den Sammlungen ausserhalb Italiens.
   a) Westl. Hälfte Europas. Mit 7 Taf. 1911. — A. 29, 1913, Nr. 2. 32 S.
   b) Östl. Hälfte Europas. 1913. — A. 30, 1915, Nr. 1. 44 S.

— Juliano Florentino, ein Mitarbeiter Ghibertis in Valencia. Mit 13 Taf. u. 2 Textillustr. 1911. — A. 29, 1913, Nr. 3. 41 S.

— Wer ist Gherardo Starnina? Ein Beitrag zur Vorgeschichte d. italien. Renaissance. Mit 1 Textabb. u. 7 Taf. 1912. — A. 29, 1913, Nr. 5. 37 S.

— Joos van Gent und Melozzo da Forli in Rom und Urbino. Mit 22 Taf. u. 6 Textabb. 1912. — A. 29, 1913, Nr. 7. 213 S.

— Das Franciscusfenster in Königsfelden und der Freskencyklus in Assisi. (Mit 4 Taf.) — B. 71, 1919, H. 3. 38 S.

— Kompositionsgesetze romanischer Glasgemälde in frühgotischen Kirchenfenstern. Mit 5 Taf. u. 4 Textabb. 1916. — A. 33, 1919, Nr. 2. 54 S.

— Peruginos erste Schaffensperoide. Mit 14 Taf. u. 2 Textabb. 1915. — A. 31, 1920, Nr. 2. 83 S.

— Kompositionsgesetze frühgotischer Glasgemälde. — A. 36, 1921, Nr. 3. 122 S.

— Robert van der Kampine und Roger van der Weyden. Kompositionsgesetze d. Mittelalters in d. nordeurop. Renaissance. — A. 39, 1928, Nr. 2. 174 S.

Schmidt, Eberhard: Rechtssprüche und Machtsprüche der preussischen Könige des 18. Jahrhunderts — B. 95, 1943, H. 3. 48 S.

Schmidt, Richard, *seit 31. 7. 1917 o. Mitgl., gest. 31. 3. 1944:* Worte zum Gedächtnis an Rudolf Sohm. — B. 69, 1917, H. 8., S. 15—34.

— Der Volkswille als realer Faktor des Verfassungslebens und Daniel Defoe. — B. 76, 1924, H. 1. 36 S.

— Die Bürokratisierung des modernen England und ihre Bedeutung für das heutige deutsche Behördensystem. 1932. — A. 42, 1934, Nr. 2. 43 S.

Schreiber, Theodor, *seit 3. 8. 1891 o. Mitgl., gest. 13. 3. 1912:* Die Wandbilder des Polygnotos in der Halle der Knidier zu Delphi. Mit 18 Textill. 1. — A. 17, 1897, Nr. 6. 178 S.

— Studien über das Bildnis Alexanders des Grossen. Ein Beitrag zur alexandrin. Kunstgeschichte mit e. Anhang über die Anfänge d. Alexanderkultes. Mit 13 Taf. u. 36 Textabb. — A. 21, 1903, Nr. 3. X, 312 S.

— Griechische Satyrspielreliefs. Mit 4 Abb. u. 3 Taf. — A. 27, 1909, S. 759—779.

Schriftentausch s. Schlußheft der jeweiligen Jahresbände.

Schücking, Levin Ludwig, *seit 28. 2. 1927 o. Mitgl.:* Zum Problem der Überlieferung des Hamlet-Textes. — B. 83, 1931, H. 4. 42 S.

Schücking, Levin Ludwig: Heldenstolz und Würde im Angelsächsischen. Mit e. Anhang: Zur Charakterisierungstechnik im Beowulfepos. 1933. — A. 42, 1934, Nr. 5. 44 S.

— Die Zusätze zur „Spanish Tragedy“. — B. 90, 1938, H. 2. 82 S.

— Über einige Nachbesserungen bei Shakespeare ⟨Titus Andronicus, Richard III., Hamlet, Julius Caesar u. Love Labour's Lost⟩. — B. 95, 1943, H. 1. 66 S.

Schultze, Alfred, *seit 1. 7. 1920 o. Mitgl.*: Augustin und der Seelteil des germanischen Erbrechts. Studien zur Entstehungsgeschichte d. Freiteilrechtes. — A. 38, 1928, Nr. 4. VIII, 246 S.

— Nachruf auf Karl von Amira. (Gesprochen am 15. Nov. 1930.) — B. 82, 1930, H. 2., S. 31—36.

— Zum altnordischen Eherecht. — B. 91, 1939, H. 1. 99 S.

— Über westgotisches-spanisches Eherecht mit einem Exkurs „Zur Geschichte der westgotischen Rechtsquellen“, — B. 95, 1943, H. 4. 130 S.

— Das Eherecht in den älteren angelsächsischen Königsgesetzen. — B. 93, 1941, H. 5. 79 S.

Schwarz, Andreas Bertalan: Die öffentliche und private Urkunde im römischen Ägypten. Studien zum hellenist. Privatrecht. — A. 31, 1920, Nr. 3. 310 S.

Schweitzer, Bernhard, *seit 17. 2. 1934 o. Mitgl.*: Das Original der sogenannten Pasquinogruppe. Unter Mitwirkung von Franz Hackbeil. Mit 6 Textfig., 85 Abb. u. 3 Taf. 1936. — A. 43, 1938, Nr. 4. 164 S.

— Studien zur Entstehung des Portraits bei den Griechen. Mit 15 Abb. auf 4 Taf. —B. 91, 1939, H. 4. 67 S.

Seeliger, Gerhard, *seit 26. 2. 1900 o. Mitgl., gest. 24. 11. 1921:* Die soziale u. politische Bedeutung d. Grundherrschaft im früheren Mittelalter. Untersuchgn. über Hofrecht, Immunität u. Landleihen. 1903. — A. 22, 1904, Nr. 1. 204 S.

— Studien zur älteren Verfassungsgeschichte Kölns. Zwei Urkunden d. Kölner Erzbischofs von 1169. Mit 1 Stadtplan. — A. 26, 1909, Nr. 3. 122 S.

— Albert Hauck. — B..70, 1918, H. 7., S. 17*—30*.

Sethe, Kurt: Ägyptische Inschrift auf den Kauf eines Hauses aus dem alten Reich. Mit 1 Taf. — B. 63, 1911, S. 135—150.

— Der Nominalsatz im Ägyptischen u. Koptischen. 1916. — A. 33, 1919, Nr. 3. 106 S.

— Demotische Urkunden zum ägyptischen Bürgschaftsrechte vorzüglich der Ptolomäerzeit. Hrsg. u. erklärt. Mit e. rechtsgeschichtl. Untersuchung von Josef **Partsch.** Mit 68 Taf. u. 2 Abb. im Text. — A. 32, 1920. VIII, 812 S.

Siber, Heinrich, *seit 22. 2. 1932 o. Mitgl.*: Zur Entwicklung der römischen Prinzipatsverfassung. 1933. — A. 42, 1934, Nr. 3. 53 S.

— Analogie, Amtsrecht und Rückwirkung im Strafrechte des römischen Freistaates. 1936. — A. 43, 1938, Nr. 3. 77 S.

— Das Führeramt des Augustus. 1940. — A. 44, [1943], Nr. 2. 107 S.

Sievers, Eduard, *seit 13. 6. 1892 o. Mitgl., 1918—25 Sekretär, gest. 30. 3. 1932:* Alttestamentliche Miscellen. 1—6.

1. Jesaias 24—27. — B. 56, 1904, S. 115—188.

2. Die Form des Jonabuches. — B. 57, 1905, S. 35—45.

3. Zur Deuterosacharja. — B. 57, 1905, S. 45—99.
4. Zur Maleachi. — B. 57, 1905, S. 144—166.
5. Zu Hosea. — B. 57, 1905, S. 167—251.
6. Zu Joel. 7. Zu Obadja. 8. Zu Zephanja. 9. Zu Haggai. 10. Zu Micha. — B. 59, 1907, S. 3—109.

— Metrische Studien. I.—IV.
I. Studien zur hebräischen Metrik. 1. Untersuchungen. 2. Textproben. 1901. — A. 21, 1903, Nr. 1. 2. XII, 599 S.
II. Die hebräische Genesis. 1. Texte. 1904. 2. Zur Quellenscheidung u. Textkritik. 1905. — A. 23, 1907, Nr. 1. 2. 393 S.
III. Samuel. 1. Text. — A. 23, 1907, Nr. 4. 118 S.
IV. Die altschwedischen Upplandslagh nebst Proben formverwandter germanischer Sagdichtung. 1. Einleitung. Mit 3 Textfig. 1918. 2. Texte. 1919. — A. 35, 1919, Nr. 1. 2. VII, 620 S.

— u. Hermann **Guthe**: Amos. Metrisch bearb. — A. 23, 1907, Nr. 3. 91 S.

— Altnordisch tvenn(i)r, þrenn(i)r, fernir. 1907 s. **Brugmann**, Karl.

— Zur Technik der Wortstellung in den Eddaliedern. 1. — A. 27, 1909, S. 513 bis 550.

— Die Eddalieder. Klanglich untersucht u. herausgegeben. 1923. — A. 37, 1926, Nr. 3.188 S.

— Die altslavischen Verstexte von Kiew und Freising. Hrsg. im Verein mit Georg **Gerullis** u. Max **Vasmer**. — B. 76, 1924, H. 2. 59 S.

— Altslavisch *ě* und *ja*. Eine sprachgesch. Untersuchg. — B. 77, 1925, H. 2. 65 S.

— Das Igorlied metrisch und sprachlich bearbeitet. — B. 78, 1926, H. 1. 55 S.

— Die Johannisapokalypse. Klanglich untersucht u. herausgegeben. 1925. — A. 38, 1928, Nr. 1. 64 S.

— Zur englischen Lautgeschichte. Kritische Untersuchungen. Mit 2 Fig. 1928. — A. 40, 1930, Nr. 1. 92 S.

— Nachruf auf Victor Michels. Gesprochen am 16. Nov. 1929. — B. 81, 1929, H. 2. S. 1—9.

— Neue Beiträge zur Lehre von der Kasusintonation. 1929. — A. 40, 1930, Nr. 3. 72 S.

— Der Textaufbau der griechischen Evangelien. Klanglich untersucht. — A. 41, 1931, Nr. 5. 87 S.

Sitzungsprotokolle s. Schlußheft der jeweiligen Jahresbände.

Socin, Albert, *seit 13. 6. 1892 o. Mitgl., gest. 30. 3. 1932:* Zur Mesainschrift. — B. 49, 1897, S. 171—184.

— Diwan aus Centralarabien. Gesammelt, übersetzt u. erläutert von Albert Socin. Hrsg. von Hans **Stumme**.
1. Texte nebst Glossen u. Excurse. 1900. — A. 19, 1901, H. 1. 300 S.
2. Übersetzung. 1900. — A. 19, 1901, H. 2. 146 S.
3. Einleitung, Glossar, u. Indices. Nachträge d. Hrsg. — A. 19, 1901, H. 3. IX, 353 S.

Socin-Stiftung, Albert. — B. 56, 1904, S. 293—300.

Sohm, Rudolph, *seit 13. 6. 1882 o. Mitgl., gest. 16. 5. 1917:* Terra salica. — B. 48, 1896, S. 164—166.
— Sermo regis. — B. 53, 1901, S. 1—6.
— Gedächtnisrede auf König Albert. — B. 54, 1902, S. 195—202.
— Wesen und Ursprung des Katholizismus. — A. 27, 1909, S. 333—390.

Sommer, Ferdinand, *seit 18. 11. 1922 o., später auswärt. Mitgl.:* Die indogermanischen *iā-* und *io-*Stämme im Baltischen. 1914. — A. 30, 1915, Nr. 4. 388 S.
— Nekrolog auf Wilhelm Streitberg ⟨geb. *23. 2. 1864*, gest. *19. 8. 1925*⟩. — B. 78, 1926, H. 4., S. 7*—11*.

Stach, Walter, *seit 14. 2. 1938 o., später auswärt. Mitgl.:* Salve, mundi domine! Kommentierende Betrachtungen zum Kaiserhymnus d. Archipoeta. — B. 91, 1939, N. 3. 104 S.

Steindorff, Georg, *seit 1. 8. 1898 o. Mitgl., 1926—32 stellvertr. Sekretär:* Vorläufiger Bericht über seine im Winter 1899/1900 nach der Oase Sîwe und nach Nubien unternommenen Reisen. (Mit 3 Taf.). — B. 52, 1900, S. 209—239.
— Die ägyptischen Gaue und ihre politische Entwicklung. — A. 27, 1909, S. 861 bis 897.

Stieda, Wilhelm, seit *16. 5. 1904 o. Mitgl., gest. 21. 10. 1933:* Die keramische Industrie in Bayern während des 18. Jahrhunderts. — A. 24, 1906, Nr. 4. VI, 256 S.
— Die Nationalökonomie als Universitätswissenschaft. 1906. — A. 25, 1907, Nr. 2. XII, 407 S.
— Zur sächsischen Gelehrtengeschichte. — B. 62, 1910, S. 27—59.
— Die Besteuerung des Tabaks in Ansbach-Bayreuth und Bamberg-Würzburg im 18. Jahrhundert. 1911. — A. 29, 1913, Nr. 4. 112 S.
— Die Kontinentalsperre in Sachsen. Rede zur Feier von Königsgeburtstag. — B. 65, 1913, S. 115—138.
— Professor Friedrich Leubnitz, der Vater des Philosophen. Mit 3 Taf. u. 2 Faks. im Text. — B. 69, 1917, H. 7. 35 S.
— Alt Dorpat. Briefe aus den ersten Jahrzehnten der Hochschule. 1926. — A. 38, 1928, Nr. 2. 126 S.
— Franz Achard und die Frühzeit der deutschen Zuckerindustrie. — A. 39, 1928, Nr. 3. 218 S.
— Friedrich List. — B. 80, 1928, H. 1. 44 S.
— Deutsche Gelehrte als Professoren an der Universität Moskau. — A. 40, 1930, Nr. 5. 126 S.
— Die Übersiedlung Leonhard Eulers von Berlin nach St. Petersburg. — B. 83, 1931, H. 3. 62 S.
— Nachruf auf Lujo Brentano. (Gesprochen am 14. Nov. 1931.) — B. 83, 1931, H. 5., S. 13*—23*.
— Johann Albrecht Euler in seinen Briefen 1766—1790. Ein Beitrag zur Geschichte d. Kaiserl. Akademie d. Wissenschaften in St. Petersburg. — B. 84, 1932, H. 1. 43 S.

Streitberg, Wilhelm, *seit 1. 7. 1921 o. Mitgl., gest. 19. 8. 1925:* Worte zum Gedächtnis an Karl Brugmann. Gesprochen am 14. Nov. 1921. — B. 73, 1921, H. 2., S. 25*—40*.

Studniczka, Franz, *seit 19. 12. 1896 o. Mitgl., gest. 4. 12. 1929:* Myron's Ladas. — B. 52, 1900, S. 329—350.

— Tropaeum Traiani. Ein Beitrag zur Kunstgeschichte d. Kaiserzeit. Mit 86 Textfig. — A. 22, 1904, Nr. 4. X, 152 S.

— Kalamis. Ein Beitrag zur griech. Kunstgeschichte. Mit 19 Textabb. u. 54 Abb. auf 13 Taf. — A. 25. 1907, Nr. 4. 104 S.

— Zur Ara Pacis. Mit 5 Abb. im Text u. 7 Taf. — A. 27, 1909, S. 899—944.

— Polybios und Damophon. Mit 2 Taf. u. 3 Abb. im Text. — B. 63, 1911, S. 33 bis 15.

— Zur Erinnerung an Theodor Schreiber. Mit 1 Taf. — B. 64, 1912, S. 187—200.

— Das Symposion Ptolomaios II. Nach d. Beschreibung d. Kallixeinos wiederhergestellt. Mit 51 Abb. u. 3 Taf. 1914. — A. 30, 1915, Nr. 2. 188 S.

— Georg Treu ⟨16. März 1843 bis 5. Okt. 1921⟩. Abgekürzt vorgetragen in d. Festsitzung am 1. Juli 1922. — B. 73, 1921, H. 2., S. 51*—62*.

— Artemis und Iphigenie. Marmorgruppe d. Ny Carlsberg Glyptothek. Unter Mitwirkung von Franz Hackebeil u. Adolf Lehnert wiederhergestellt u. erläutert. Mit 4 Taf. u. 102 Textabb. — A. 37, 1926, Nr. 5. 160 S.

— Die Ostgiebelgruppe vom Zeustempel in Olympia. Angeordnet u. gedeutet. Mit 4 Abb. im Text u. 1 Taf. 1923. — A. 37, 1926, Nr. 4. 36 S.

Stumme, Hans, *seit 24. 5. 1909, Mitgl., gest. 16. 12. 1936* [Hrsg.] s. **Socin,** Albert: Diwan aus Centralarabien. 1900.

— Eine Sammlung über den berberischen Dialekt der Oase Sîwe. — B. 66, 1914, S. 91—109.

Sykrutis, Johannes: Speusipps Brief an König Philipp. 1928 s. **Bickermann,** Elias.

Thierfelder, Andreas: Beiträge zur Kritik und Erklärung des Apolonius Dyscolus. 1935. — A. 43, 1936, Nr. 2. 91 S.

Trautmann, Reinhold, *seit 20. 3.* 1940 *o. Mitgl.:* Zur Form und Inhalt der Novellen Turgenjews. Mit 22 Diagr. 1942. — A. 44, [1943,] Nr. 3. 95 S.

Treu, Georg: Olympische Forschungen. 1. Skovgaards Anordnung der Westgiebelgruppe vom Zeustempel. Mit 22 Abb. — A. 25, 1907, Nr. 3. 15 S.

Uhle, Heinrich: Die Vetālapañcaviṃśatikā des Śivadāsa nach einer Handschrift von 1487 ⟨saṃv. 1544⟩. Text mit krit. Apparat nebst e. Inhaltsangabe d. Erzählungen. — B. 66, 1914, H. 1. S. 3—87.

Vasmer, Max, *seit 30. 6. 1923 o. Mitgl.* [Mithrsg.] s. **Sievers,** Eduard: Die altslavischen Verstexte von Kiew und Freising. 1924.

Viedebantt, Oskar: Forschungen zur Metrologie des Altertums. 1917. — A. 34, 1921, Nr. 3. 184 S.

Voigt, Moritz, *seit 11. 2. 1871 o. Mitgl., gest. 7. 11. 1905:* Die römische Klassifikation von ius divinum und humanum. — B. 54, 1902, S. 185—194.
— Über die privatrechtlichen Rechtsgeschäfte des älteren römischen ius publicum. — B. 55, 1903, S. 7—39.
— Die römischen Baugesetze. — B. 55. 1903, S. 175—198.
— Die offiziellen Bruchrechnungssysteme der Römer. — B. 56, 1904, S. 107—136.

Wachsmuth, Curt, *seit 2. 5. 1886 o. Mitgl., gest. 8. 5. 1905:* Neue Beiträge zur Topographie Athens. 1900. — A. 18, 1900, Nr. 1. 56 S.
— Worte zum Gedächtnis an Otto Ribbeck. — B. 50, 1898, S. 177—196.
— Worte zum Gedächtnis an Theodor Mommsen. — B. 55, 1903, S. 155—173.

Wartburg, Walter, *seit 1. 7. 1930 o. Mitgl.:* Das Ineinandergreifen von descriptiver und historischer Sprachwissenschaft. — B. 83,1931, H. 1. 23 S.
— Nachruf auf Georg Goetz. — B. 84, 1932, H. 3., S. 1—7.

Weidner, Ernst F.: Ein astronomischer Beobachtungstext aus dem 37. Jahre Nebukadnezars II. ⟨—567/566⟩. 1915 s. **Neugebauer,** Paul V.

Weissbach, Franz Heinrich: Über die Inschriften des Darius Hystaspis von Nakš-i-Rustam. — B. 62, 1910, S. 3—9.
— Die Keilinschriften am Grabe des Darius Hystaspis. Mit 8 Taf. u. 11 Abb. im Text. 1911. — A. 1913, Nr. 1. 53 S.

Wenkebach, Ernst: Dichterzitate in Galens Erklärung einer hippokratischen Fieberbezeichnung. Eine textkrit. Untersuchung. — A. 39, 1928, Nr. 1. 52 S.

Wilcken, Ulrich, *seit 28. 7. 1906 o. Mitgl., gest. 10. 12. 1944:* Worte zum Gedächtnis an Heinrich Gelzer. Gesprochen am 14. Nov. 1906. — B. 58, 1906, S. 199—205.
— Zum alexandrinischen Antisemitismus. — A. 27, 1909, S. 781—839.

Windisch, Ernst, *seit 11. 6. 1883 o. Mitgl., 1894—97 stellvertr. Sekretär,* 1898—1915 *Sekretär, gest. 30. 10. 1918:* Zur Theorie der Mischsprachen und Lehnwörter. — B. 49, 1897, S. 101—126.
— Nekrolog auf Albert Socin. — B. 51, 1899, S. 225—233.
— Nekrolog auf Wilhelm Pertsch. — B. 51, 1899, S. 235—237.
— Zusatz zu vorstehenden Bemerkungen ([d. i.] Böhtlingk, Otto: Über einen Imperativ avatāt in einem buddhistischen Werke). — B. 54, 1902, S. 21.
— Zur Kauṣītakibrāhmaṇa Upaniṣad. I, 2. — B. 59, 1907, S. 111—128.
— Buddhas Geburt und die Lehre der Seelenwanderung. 1908. — A. 26, 1909, Nr. 2. 235 S.
— Die Komposition des Mahāvastu. Ein Beitrag zur Quellenkunde d. Buddhismus. — A. 27, 1909, S. 467—511.
— Das keltische Britanien bis zu Kaiser Arthur. 1912. — A. 29, 1913, Nr. 6. 301 S.

Woermann, Karl, *seit 31. 7. 1917 o. Mitgl., gest. 4. 2. 1933:* Woldemar von Seidlitz. Ein Nachruf. — B. 74, 1922, H. 2. S. 7*—20*.
— Shakespeare und die bildenden Künste. Mit 16 Abb. 1930. — A. 41, 1931, Nr. 3. VIII, 138 S.

Wörterbuch, französisches etymologisches. — 1. Bericht. B. 88, 1936, H. 5., S. 16* bis 17*. — 2. Bericht. B. 90, 1938, H. 3., S. 15*—16*.
— der sächsischen Mundarten. — 1. Bericht. B. 88, 1936, H. 5., S. 9*—15*. 2. Bericht. B. 90, 1938, H. 3., S. 11*—14*.
Wülker, Richard Paul (bis 1884: Wülcker): Über Gedichte Lord Byrons. — B. 49, 1897, S. 151—170.
— Briefwechsel zwischen Adolf Ebert und Ferdinand Wolf. — B. 51, 1899, S. 77 bis 139.

Zimmern, Heinrich, *seit 30. 7. 1900 o. Mitgl., gest. 17. 2. 1931:* Das Prinzip unserer Zeit- und Raumeinteilung. — B. 53, 1901, S. 47—61.
— Sumerisch-babylonische Tamūzlieder. — B. 59, 1907, S. 201—252.
— Worte zum Gedächtnis an Eberhard Schrader. — B. 60, 1908, S. 195—205.
— Der babylonische Gott Tamūz. — A. 27, 1909, S. 699—738.
— Zur Herstellung der grossen babylonischen Götterliste An = ⟨*ilu*⟩ Anum. — B. 63, 1911, S. 83—125.
— Ištar und Ṣaltu, ein altakkadisches Lied. Mit 2 Taf. — B. 68, 1916, H. 1. 43 S.
— König Lipit-Ištar's Vergöttlichung. Ein altsumer. Lied. Mit 2 Taf. — B. 68, 1916, H. 5. 43 S.
— Zum babylonischen Neujahrsfest. — B. 58, 1906, S. 126—156. 70, 1918, H. 5. 52 S.

SACHREGISTER

BIBLIOGRAPHISCHE ÜBERSICHT

Abhandlungen der philologisch-historischen Klasse der Königlichen [ab 1919 nur] Sächsischen Akademie der Wissenschaften zu Leipzig

Band d. hist.-phil. Klasse	Band d. ganzen Reihe	Jahr	Nummern	Seiten	Abb.	Tafeln	Karten	Diagr.
16.	38.	1897	1	XVI, 928	—	—	—	—
17.	39.	1897	6	879	26	—	—	—
18.	41.	1899	5	XIII, 628	26	—	1	—
19.	44.	1901	3	IX, 799	—	3	—	—
20.	47.	1903	6	896	—	1	—	—
21.	48.	1903	4	XXII, 903	36	13	—	—
22.	50.	1904	6	XXXVIII, 832	86	5	—	—
23.	52.	1907	4	511	—	—	—	—
24.	53.	1906	6	CXI, 1183	8	—	1	8
25.	54.	1907	5	XII, 652	19	10	—	—
26.	55.	1909	5	734	—	13	1	—
27.	57.	1909	27	1010	9	12	—	1
28.	59.	1911	8	410	2	27	—	—
29.	60.	1913	9	993	23	66	—	—
30.	62.	1915	4	V, 764	51	3	—	—
31.	—	1920	3	483	5	21	—	—
32.	—	1920	1	VIII, 812	2	68	—	—
33.	68.	1919	5	XVI, 883	7	8	—	—
34.	—	1921	5	VII, 573	8	3	6	—
35.	—	1919	2	VII, 620	—	—	—	—
36.	—	1921	5	X, 477	—	—	—	—
37.	—	1926	5	IV, 691	106	5	—	—
38.	—	1928	5	X, 856	—	—	—	—
39.	—	1928	5	XXII, 728	—	—	—	—
40.	—	1930	5	XXIX, 666	—	—	—	—
41.	—	1931	6	XXIV, 715	—	16	4	—
42.	—	1934	6	XXV, 562	—	—	—	—
43.	—	1938	6	XI, 785	91	3	—	—
44.	—	1943	4	IV, 582	—	—	—	12

Berichte über die Verhandlungen der Königlich [ab 1919 nur] Sächsischen Akademie der Wissenschaften zu Leipzig

Philologisch-historische Klasse

Band	Jahr	Hefte	Seiten	Abb.	Tafeln	Karten
48.	1896	3	337, XXVI	—	1	—
49.	1897	2	208, XXIV	—	—	—
50.	1898	5	228, XXVI	1	—	—
51.	1899	5	241, XXVI	—	—	—
52.	1900	9	425, XXVII	—	—	1
53.	1901	4	115, XXXVI	—	—	—
54.	1902	3	203, XXVIII	—	—	—
55.	1903	6	298, XXIX	—	—	6
56.	1904	5	300, XXVIII	—	—	—
57.	1905	6	304, XXX	—	—	—
58.	1906	5	205, XXIX	—	—	—
59.	1907	5	253, XXVIII	—	—	—
60.	1908	8	225, XXIX	—	5	2
61.	1909	3	234, XXIX	—	1	—
62.	1910	11	500, XXVII	—	3	—
63.	1911	10	219, XXVIII	3	6	—
64.	1912	5	200, XXVII	—	1	—
65.	1913	4	228, XXIX	—	—	—
66.	1914	3	118, XXIII	—	—	—
67.	1915	3	131, XXIII	—	—	—
68.	1916	6	291, XVI	—	4	—
69.	1917	8	539, XVI, 48*	—	5	—
70.	1918	7	446, XVI, 30*	15	—	—
71.	1919	10	569, XVI, 2*		2	—
72.	1920	2	44, XXI, 6*	—	—	—
73.	1921	2	43, XXVI, 62*	—	—	—
74.	1922	2	17, XXVI, 29*	—	—	—
75.	1923	2	58, XXVII, 3*	—	—	—
76.	1924	4	121, 4*, XXX	—	—	—
77.	1925	4	102, XXIX, 14*	—	—	—
78.	1926	4	102, XXXVIII, 11*	—	—	—
79.	1927	2	48, XXXIX, 13*	—	—	—
80.	1928	5	241, XXXVII, 9*	—	—	—
81.	1929	3	58, XXXVII, 9*	—	—	—
82.	1930	3	50, XXXVIII, 17*	—	—	—
83.	1931	5	167, XLVIII, 24*	—	—	—
84.	1932	7	181, XLVIII, 7	—	15	10

Band	Jahr	Hefte	Seiten	Abb.	Tafeln	Karten
85.	1933	3	172, XL, 36	—	—	—
86.	1934	5	224, XL, 7*	—	—	—
87.	1935	3	159, XLVI, 6*, 28	—	—	—
88.	1936	5	184, XLVI, 17*	—	—	—
89.	1937	5	127, XLIV, 4*	—	—	—
90.	1938	3	302, XLII, 40*	—	—	—
91.	1939	5	329, XLII, 6*	—	4	—
92.	1940	3	101, XXXIV	—	4	—
93.	1941	6	398	—	—	—
94.	1942	3	190, XCII, 4*, 8	—	—	—
95.	1943	5	313	14	—	—
96.	1944/1948	3	229	—	—	—

ABHANDLUNGEN DER SÄCHSISCHEN AKADEMIE DER WISSENSCHAFTEN ZU LEIPZIG

Philologisch-historische Klasse

Band 45 — Heft 1 Prof. Dr. JOHANN FÜCK: Arabiya. Untersuchungen zur arabischen Sprach- und Stilgeschichte
1950. IV, 148 S. — 4° 29,— DM (vergriffen)

Heft 2 Prof. Dr. FRIEDRICH WELLER: Über den Quellenbezug eines mongolischen Tanjurtextes
1950. 51, 144 S. — 4° — 19,80 DM

Heft 3 Prof. Dr. REINHOLD TRAUTMANN: Die slavischen Ortsnamen Mecklenburgs und Holsteins
1950. 176 S. — 4° 32,— DM (vergriffen)

Band 46 — Heft 1 Dr. KÄTE FINSTERBUSCH: Das Verhältnis des Schan-hai-djing zur bildenden Kunst
1952. VII, 136 S. — 14 Lichtdrucktafeln mit 40 Abb. — 28 S. Offset — 4° — 40,— DM

Heft 2 Prof. Dr. HEINZ LADENDORF: Antikenstudium und Antikenkopie. Vorarbeiten zu einer Darstellung ihrer Bedeutung in der mittelalterlichen und neueren Zeit
1953. 190 S. — 183 Abb. auf 50 Lichtdrucktafeln — 4° — 48,— DM (vergriffen)
2. erweiterte Auflage in Vorbereitung

Heft 3 Prof. Dr. FRIEDRICH WELLER: Tibetisch-sanskritischer Index zum Bodhicaryāvatāra — Teil I
1952. IV, 304 S. — 4° 31,— DM (vergriffen)

Heft 4 Prof. Dr. FRIEDRICH WELLER: Zwei zentralasiatische Fragmente des Buddhacarita
1953. 26 S. — 2 Lichtdrucktafeln — 4° — 7,50 DM

Band 47 — Heft 1 Bibliographie zur Vor- und Frühgeschichte Mitteldeutschlands. Herausgegeben von Prof. Dr. Martin Jahn, Band I, Teil 1: Abteilung Sachsen-Anhalt und Thüringen. Bearbeitet von Prof. Dr. Walther Schulz
1955. 162 S. — 4° — 12,— DM

Heft 2 Prof. Dr. HERBERT KOCH: Studien zum Theseustempel in Athen
1954. 160 S. — 140 Abb. auf 52 Kunstdrucktafeln — 57 Lichtdrucktafeln — 4° n)
48,— DM (vergriffen)

Heft 3 Prof. Dr. FRIEDRICH WELLER: Tibetisch-sanskritischer Index zum Bodhicaryāvatāra — Teil II
1955. II, 307 S. — 4° — 19,50 DM

Band 48 — Heft 1 Dr. HERBERT PETSCHOW: Neubabylonisches Pfandrecht
1956. 186 S. — 4° — 19,— DM

Heft 2 Bibliographie zur Vor- und Frühgeschichte Mitteldeutschlands. Herausgegeben von Prof. Dr. Martin Jahn. Band II: Land Sachsen. Teil I und II: Vom 16. Jahrhundert bis gegen Ende des 19. Jahrhunderts. Bearbeitet von Dr. GEORG BIERBAUM
1957. 190 S. — 4° — 12,50 DM

Heft 3 Prof. Dr. EBERHARD HEMPEL: Material- und Strukturechtheit in der Architektur
1956. 18 S. — 5 Kunstdrucktafeln — 4° — 2,90 DM

Heft 4 Prof. Dr. MARTIN JAHN: Gab es in der vorgeschichtlichen Zeit bereits einen Handel?
1956. 41 S. — 13 Abb., davon 3 auf 2 Kunstdrucktafeln — 4° — 5,— DM

Band 49 — Heft 1 Dr. HEINRICH GÖTZ: Leitwörter des Minnesanges
1957. 189 S. — 4° — 13,— DM

Heft 2 Dr. WOLFGANG HESSLER: Mitteldeutsche Gaue des frühen und hohen Mittelalters
1957. 162 S. — 1 farbige Offsetkarte — 4° — 16,— DM

Heft 3 Prof. Dr. KARL BARWICK: Probleme der stoischen Sprachlehre und Rhetorik
1957. 111 S. — 4° — 10,50 DM

BERICHTE ÜBER DIE VERHANDLUNGEN DER SÄCHSISCHEN AKADEMIE DER WISSENSCHAFTEN ZU LEIPZIG

Philologisch-historische Klasse

Band 97 — Heft 1 Prof. Dr. THEODOR FRINGS: Antike und Christentum an der Wiege der deutschen Sprache
1949. 36 S. — 8° — 3,— DM (vergriffen)

Heft 2 Prof. Dr. FRIEDRICH WELLER: Zum mongolischen Tanjur
1949. 36 S. — 8° — 4,75 DM (vergriffen)

Heft 3 Prof. Dr. WALTER BAETKE: Die Götterlehre der Snorra-Edda
Nachdruck — 1952. 68 S. — 8° — 6,30 DM

Heft 4 Prof. Dr. CARL BROCKELMANN: Abessinische Studien
1950. 60 S. — 8° — 6,— DM (vergriffen)

Heft 5 Prof. Dr. WILHELM SCHUBART: Griechische literarische Papyri
1950. 108 S. — 8° — 13,25 DM (vergriffen)

Heft 6 Prof. Dr. FRANZ DORNSEIFF: Verschmähtes zu Vergil, Horaz und Properz
Nachdruck — 1951. 108 S. — 8° — 11,50 DM (vergriffen)

Heft 7 Prof. Dr. WERNER KRAUSS: Altspanische Drucke im Besitz der außerspanischen Bibliotheken
1951. 112 S. — 8° — 10,50 DM (vergriffen)

Heft 8 Prof. Dr. MARTIN LINTZEL: Liebe und Tod bei Heinrich von Kleist
1950. 76 S. — 8° — 3,50 DM (vergriffen)

Band 98 — Heft 1 Prof. Dr. FRIEDRICH ZUCKER: Freundschaftsbewährung in der neuen attischen Komödie. Ein Kapitel hellenistischer Ethik und Humanität
1950. 38 S. — 8° — 3,60 DM (vergriffen)

Heft 2 Prof. Dr. FRIEDRICH BEHN: Vorgeschichtliche Felsbilder in Karelien und West-Sibirien
1950. 16 S. — 4 Tafeln — 8° — 3,50 DM (vergriffen)

Heft 3 Dr. JACOB JATZWAUK: Sorbische Bibliographie, 2. erw. u. verb. Aufl.
1952. XX und 500 S. — 8° — 16,— DM (vergriffen)

Heft 4 Prof. Dr. OTTO EISSFELDT: El im ugaritischen Pantheon
1951. 84 S. — 1 Tafel als Frontispicium — 8° — 9,— DM (vergriffen)

Heft 5 Prof. Dr. PAUL THIEME: Studien zur indogermanischen Wortkunde und Religionsgeschichte
Nachdruck — 1952. 78 S. — 8° — 9,50 DM

Heft 6 Prof. Dr. WALTER BAETKE: Christliches Lehngut in der Sagareligion. Das Svoldr-Problem
Nachdruck — 1951. 135 S. — 8° — 5,50 DM

Band 99 — Heft 1 Prof. Dr. KARL BARWICK: Caesars bellum civile (Tendenz, Abfassungszeit und Stil)
1951. 178 S. — 8° — 11,70 DM (vergriffen)

Heft 2 Prof. Dr. MARTIN LINTZEL: Die Entstehung des Kurfürstenkollegs
Nachdruck — 1952. 54 S. — 8° — 4,25 DM (vergriffen)

Heft 3 Prof. Dr. MARTIN JAHN: Die Abgrenzung von Kulturgruppen und Völkern in der Vorgeschichte
Nachdruck — 1952. 27 S. — 4 Abb. im Text und auf 3 Tafeln — 8° — 3,60 DM (vergriffen)

Band 100 — Heft 1 Prof. Dr. EDUARD ERKES: Das Problem der Sklaverei in China
Nachdruck — 1954. 30 S. — 8° — 2,70 DM (vergriffen)

Heft 2 Prof. Dr. MARTIN LINTZEL: Miszellen zur Geschichte des zehnten Jahrhunderts
1953. 116 S. — 8° — 6,50 DM

Heft 3 Prof. Dr. EBERHARD HEMPEL: Nikolaus von Cues in seinen Beziehungen zur bildenden Kunst
1953. 42 S. — 1 Abb. — 8° — 2,80 DM

FSC
www.fsc.org
MIX
Papier | Fördert gute Waldnutzung
FSC® C083411

Kolibri 360 GmbH
Ferdinand-Jühlke-Straße 7
99095 Erfurt, Deutschland
produktsicherheit@kolibri360.de